見やすいから、よくわかる！

運転免許
認知機能検査
合格 模擬テスト

監修　自動車運転免許研究所　長 信一

日本文芸社

●もくじ

※本書の情報は、2024（令和５）年２月末現在のものです。

Part1
認知機能検査はこんな検査

認知機能検査は、運転免許証の更新期間が満了する日の年齢が75歳以上の方が免許の更新時に受けるものです。ご自身の記憶力や判断力を確認することを目的に、手がかり再生と時間の見当識の2種類の検査を行います。

認知機能検査の流れ

　実施する都道府県や会場によって異なりますが、認知機能検査はペーパー（用紙）で行う場合とタブレット端末を使用する場合とがあります（12ページ参照）。ペーパーで行う場合は、口頭で説明や指示があり、配られる問題用紙を読み、答えを回答用紙に書き込みます。タブレット端末を使用する場合は、ヘッドフォンからの音声で説明や指示があり、画面に表示される問題を読み、タッチペンで回答を画面に書き込みます。

検査を行う部屋に入室し着席

1 検査に当たっての事前の指示 おおむね1分

検査官の指示が聞こえるかの確認、スマートフォンや時計をしまう、メガネが必要な方は出しておくなどの指示、検査中の諸注意、間違ったときの訂正方法など。

2 検査結果等に関する説明 おおむね1分30秒

検査の目的、検査結果の説明、検査用紙の配布（ペーパー検査の場合）など。

3 表紙の記載 おおむね1分30秒

検査用紙の表紙の[名前][生年月日]を記入する。

4 手がかり再生 全体でおおむね14分

❶イラストの記憶【おおむね5分】

4つのイラストを見て1分で覚える。別のイラストでも同様に行い、合計で16のイラストを覚える。

❷介入課題【おおむね2分】

数字が書かれた回答用紙の指示された数字に斜線を引く。

❸自由回答【おおむね3分30秒】

❶で覚えたイラストの名前を回答用紙に書く。

❹手がかり回答【おおむね3分30秒】

❶で覚えたイラストの名前を今度はヒントを参考にして回答用紙に書く。

5 時間の見当識 おおむね3分

5つの質問に答える。[今年の年][今月の月][今日の日][今日の曜日][今の時間]を回答用紙に記入する。

6 検査用紙の回収(ペーパー検査の場合)〜検査結果の通知 おおむね10分

検査結果を通知する書面が交付され、検査の通知についての説明を受ける。

認知機能検査終了 所要時間 おおむね30分

※外国人の方へ

日本語がわからない場合は、外国語(英語、中国語、ハングル、ポルトガル語、スペイン語)による認知機能検査も行っています。詳しくは、運転免許試験場へお問い合わせください。

認知機能検査の内容

❶手がかり再生

イラストを見て記憶し、あとでその名前を答える検査です。

①イラストの記憶

16のイラストを4回に分けて見ます。1回4つのイラストを1分間見て覚えます。

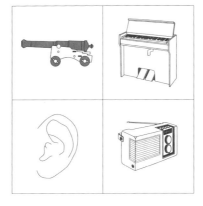 

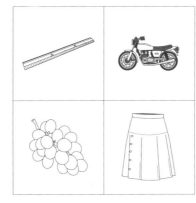 

②介入課題

指示された数字を回答用紙にチェックする検査です。介入課題は採点されません。できてもできなくても得点はありません。

問　題　用　紙　1

　これから、たくさん数字が書かれた表が出ますので、私の指示をした数字に斜線を引いてもらいます。
　例えば、「1と4」に斜線を引いてくださいと言ったときは、

→

1	3	1	4	6	2	1	7	3	9
8	6	3	1	8	9	5	6	4	3

と例示のように順番に、見つけただけ斜線を引いてください。

※ 指示があるまでめくらないでください。

回　答　用　紙　1

→

9	3	2	7	5	4	2	4	1	3
3	4	5	2	1	2	7	2	4	6
6	5	2	7	9	6	1	3	4	2
4	6	1	4	3	8	2	6	9	3
2	5	4	5	1	3	7	9	6	8
2	6	5	9	6	8	4	7	1	3
4	1	8	2	4	6	7	1	3	9
9	4	1	6	2	3	2	7	9	5
1	3	7	8	5	6	2	9	8	4
2	5	6	9	1	3	7	4	5	8

※ 指示があるまでめくらないでください。

③自由回答

①で見たイラストの名前を3分で答える検査です。

```
┌─────────────────────┐
│      問 題 用 紙 2      │
└─────────────────────┘

  少し前に、何枚かの絵をお見せしま
した。

  何が描かれていたのかを思い出
して、できるだけ全部書いてくだ
さい。




※ 指示があるまでめくらないでください。
```

```
┌─────────────────────┐
│      回 答 用 紙 2      │
└─────────────────────┘
┌──────────┬──────────┐
│ 1.       │ 9.       │
├──────────┼──────────┤
│ 2.       │ 10.      │
├──────────┼──────────┤
│ 3.       │ 11.      │
├──────────┼──────────┤
│ 4.       │ 12.      │
├──────────┼──────────┤
│ 5.       │ 13.      │
├──────────┼──────────┤
│ 6.       │ 14.      │
├──────────┼──────────┤
│ 7.       │ 15.      │
├──────────┼──────────┤
│ 8.       │ 16.      │
└──────────┴──────────┘
※ 指示があるまでめくらないでください。
```

④手がかり回答

①で見たイラストの名前をヒントを参考に3分で答える検査です。

```
┌─────────────────────┐
│      問 題 用 紙 3      │
└─────────────────────┘

  今度は回答用紙に、ヒントが
書いてあります。

  それを手がかりに、もう一度、
何が描かれていたのかを思い出し
て、できるだけ全部書いてくださ
い。




※ 指示があるまでめくらないでください。
```

```
┌─────────────────────┐
│      回 答 用 紙 3      │
└─────────────────────┘
┌────────────┬────────────┐
│ 1. 戦いの武器 │ 9. 文房具   │
├────────────┼────────────┤
│ 2. 楽器     │ 10. 乗り物   │
├────────────┼────────────┤
│ 3. 体の一部  │ 11. 果物    │
├────────────┼────────────┤
│ 4. 電気製品  │ 12. 衣類    │
├────────────┼────────────┤
│ 5. 昆虫     │ 13. 鳥     │
├────────────┼────────────┤
│ 6. 動物     │ 14. 花     │
├────────────┼────────────┤
│ 7. 野菜     │ 15. 大工道具  │
├────────────┼────────────┤
│ 8. 台所用品  │ 16. 家具    │
└────────────┴────────────┘
※ 指示があるまでめくらないでください。
```

❷時間の見当識

検査が行われる年月日、曜日、今の時刻を答える検査です。

```
┌─────────────────────┐
│      問 題 用 紙 4      │
└─────────────────────┘

  この検査には、5つの質問があり
ます。
  左側に質問が書いてありますの
で、それぞれの質問に対する答を
右側の回答欄に記入してください。
  答が分からない場合には、自信
がなくても良いので思ったとおりに
記入してください。空欄とならない
ようにしてください。




※ 指示があるまでめくらないでください。
```

```
┌─────────────────────┐
│      回 答 用 紙 4      │
└─────────────────────┘

以下の質問にお答えください。
```

質　問	回　答
今年は何年ですか？	年
今月は何月ですか？	月
今日は何日ですか？	日
今日は何曜日ですか？	曜日
今は何時何分ですか？	時　分

「手がかり再生」の採点方法

　手がかり再生には、ヒントなしでイラストの名前を答える「自由回答」と、ヒントを参考にイラストの名前を答える「手がかり回答」があります。イラスト個々で採点して、「自由回答」が正解で2点、「手がかり回答」だけ正解で1点です。「自由回答」「手がかり回答」どちらも正解の場合も配点は2点です。合計点数は、最大で32点となります。なお、100点満点で計算するため、合計点数に指数（2.499）を掛けます。

採点例

自由回答（回答用紙2）

1. 大砲	9. ものさし
2. オルガン	10. オートバイ
3. 耳	11. ブドウ
4. ラジオ	12. スカート
5. テントウムシ	13. にわとり
6. ライオン	14. バラ
7. タケノコ	15. ペンチ
8. フライパン	16. ベッド

※ 指示があるまでめくらないでください。

手がかり回答（回答用紙3）

1. 戦いの武器　大砲	9. 文房具　ものさし
2. 楽器　オルガン	10. 乗り物　オートバイ
3. 体の一部　耳	11. 果物　ブドウ
4. 電気製品　ラジオ	12. 衣類　スカート
5. 昆虫　テントウムシ	13. 鳥　にわとり
6. 動物　ライオン	14. 花　バラ
7. 野菜　タケノコ	15. 大工道具　ペンチ
8. 台所用品　フライパン	16. 家具　ベッド

※ 指示があるまでめくらないでください。

こちらが正解の場合は各 **2点**　　　こちらだけ正解の場合は各 **1点**

どちらも正解の場合も各 **2点**
（この場合は、片方だけ正解の点数は加えません）

最大点数は **32点** （イラスト16× **2点** ＝ **32点** ）となります！

合計点数に指数（2.499）を掛け、100点満点換算とします（「手がかり再生」で最大約80点）。

「時間の見当識」の採点方法

　時間の見当識には5つの問いがあります。それぞれ配点が異なり、すべて正解すれば15点となります。なお、100点満点で計算するため、合計点数に指数(1.336)を掛けます。

年：正解すれば **5点**　　月：正解すれば **4点**　　日：正解すれば **3点**

曜日：正解すれば **2点**　　時刻：正解すれば **1点**　　最大点数：**15点**

採点例

202●年(令和●年)12月7日、木曜日、10時30分の場合

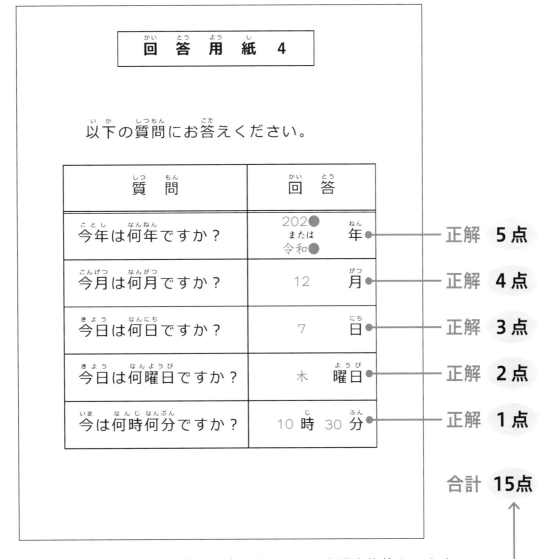

合計点数に指数(1.336)を掛け、100点満点換算とします
(「時間の見当識」で最大約20点)。

認知機能検査の判定方法

　検査が終わると採点が行われ（タブレット端末の場合は自動採点）、受検者個々に判定結果が通知されます。通知方法は当日の場合と後日の場合があります。検査の点数で、判定結果は2つに分類されます。

検査の結果が100点満点で **36点未満**の方	検査の結果が100点満点で **36点以上**の方
↓	↓
判定1 「認知症のおそれあり」	判定2 「認知症のおそれなし」

「判定1」の認知機能検査結果通知書（例）

認知機能検査結果通知書

住　所
氏　名
生年月日　　　　　　　総合点　□　点
検査年月日　　　　　　　　（A　点）
検査場所　　　　　　　　　（B　点）

　記憶力・判断力が低くなっており、認知症のおそれがあります。

　記憶力・判断力が低下すると、信号無視や一時不停止の違反をしたり、進路変更の合図が遅れたりする傾向がみられます。
　今後の運転について十分注意するとともに、医師やご家族にご相談されることをお勧めします。
　また、臨時適性検査（専門医による診断）を受け、又は医師の診断書を提出していただくお知らせが公安委員会からあります。
　この診断の結果、認知症であることが判明したときは、運転免許の取消し、停止という行政処分の対象となります。

運転免許証の更新手続の際は、この書面を必ず持参してください。

　　　　　　　　　　　　　　　　　　年　　月　　日

公安委員会　印

「判定2」の認知機能検査結果通知書（例）

認知機能検査結果通知書

住　所
氏　名
生年月日
検査年月日
検査場所

　「認知症のおそれがある」基準には該当しませんでした。

　今回の結果は、記憶力、判断力の低下がないことを意味するものではありません。
　個人差はありますが、加齢により認知機能や身体機能が変化することから、自分自身の状態を常に自覚して、それに応じた運転をすることが大切です。
　記憶力・判断力が低下すると、信号無視や一時不停止の違反をしたり、進路変更の合図が遅れたりする傾向がみられますので、今後の運転について十分注意してください。

運転免許証の更新手続の際は、この書面を必ず持参してください。

　　　　　　　　　　　　　　　　　　年　　月　　日

公安委員会　印

判定結果が出るまでの流れ

1 「検査と講習のお知らせ」のはがきが郵送される
※免許更新期間満了日の約190日前に発送。

2 検査日や検査会場を予約する
※免許更新期間満了日の6か月前から受検可。予約は、スマートフォンやパソコンなどから行うウェブ予約と、電話で予約する方法があります。

3 予約した日時に会場に行く
※時間に余裕をもって行きましょう。

4 受検する
※検査の所要時間はおおむね30分。

5 判定結果を受け取る
※判定結果(「認知機能検査結果通知書」の見本は10ページ)。

認知機能検査の方式

　認知機能検査は、ペーパー（紙）またはタブレット端末を使って行います。受検者が選べるわけではなく、検査を受ける都道府県や会場によって決まっています。予約するときに確認しておきましょう。

❶ペーパー（紙の問題用紙・回答用紙）を使用する方式

　ペーパー（紙）を使って集団で行う検査です。検査員の説明を口頭で聞き、配布された回答用紙に答えを記入します。問題用紙も配られますが、イラストを見て覚える「手がかり再生」の検査は、前方に示されるイラストを見て回答します。

検査の進め方

　試験官から口頭で説明や指示があり、配られた問題用紙を読んで回答用紙に答えを記入します。手がかり再生のイラストは前のスクリーンなどに示されます。時間の見当識まで終了すると回答用紙は回収され、採点を待ちます。

②タブレット端末を使用する方式

着席後、机の上に置かれたタブレット端末で回答します。付属のヘッドフォンと画面の指示に従って、タッチペンでタブレット端末に書き込みます。わからないことがあったら、検査員に聞くこともできます。基本的に、個別受検になります。

検査の進め方

ヘッドフォンからの指示を聞き、タブレット端末に答えを記入します。手がかり再生のイラストもタブレット端末の画面に示されます。自動採点されるため、合格点（36点）に達した時点で検査は終了となります。

「手がかり再生」得点のポイント

「手がかり回答」で得点をかせぐ

　手がかり再生で覚えるイラストは16個です。１枚に４個のイラストが描かれ、これを４枚見ます（これで16個）。16のイラストにはA～Dのパターンがあり、検査ではどれか１つのパターンのイラストが出題されます。A～Dのイラストが混在することはありません。たとえば、Aパターンの一部とBパターンの一部が出題されることはないのです。パターンA～Dのイラストをパターンごとに全部覚えておけばよいことになりますが、かなりの数になります（１パターン16個×４パターンで64個）。

　記憶力に自信のある方はパターンごとにイラストを全部覚えていただくのがよいのですが、「とても無理！」という方は次に紹介する方法もあります。

　手がかり再生には、ヒントなしでイラスト名を答える「自由回答」と、ヒントを元にイラスト名を答える「手がかり回答」があります。正解すると自由回答は２点、手がかり回答は１点ですが、手がかり回答の16問だけ正解で16×2.499（100点満点にする指数）＝39.984点となり、合格点に達します。時間の見当識の問題の得点が多ければ、手がかり再生の得点ボーダーが下がります。一考してみてください。

手がかり回答（回答用紙３）

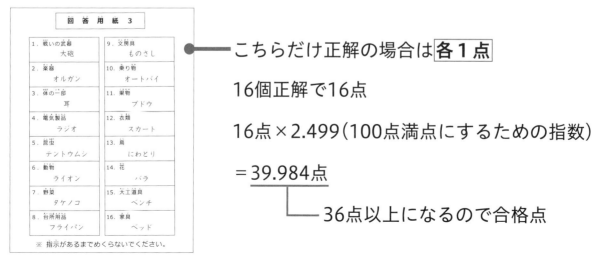

こちらだけ正解の場合は **各１点**

16個正解で16点

16点×2.499（100点満点にするための指数）

＝39.984点

36点以上になるので合格点

「時間の見当識」満点のポイント

事前にカレンダーや時計で確認しておくことが大切

　時間の見当識は検査を受ける年、月、日、曜日と回答しているときの時間を答えるものです。当然のことながら、検査を受ける室内にはカレンダーや時計はありません。あらかじめ確認しておくことで正解することができると思いますので、満点を目指しましょう。

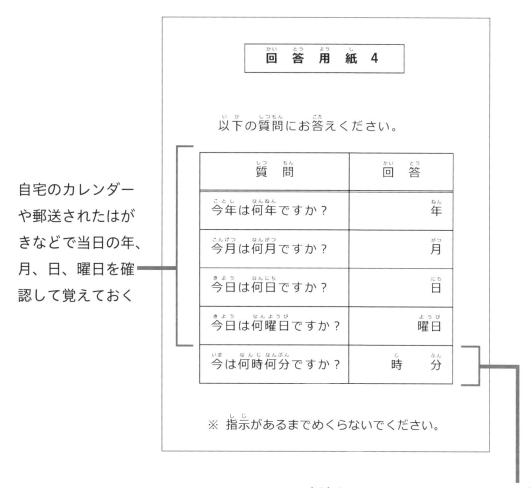

自宅のカレンダーや郵送されたはがきなどで当日の年、月、日、曜日を確認して覚えておく

時計やスマートフォンを持参し、「時計などはしまってください」という指示があったときの時間を確認して覚えておく。時間の見当識を行うまでの時間を考慮して、覚えた時間に＋30分ほどを加えた時間を記入すれば大丈夫

検査の準備と注意点

準備するもの

① 「検査と講習のお知らせ」のはがき

　免許更新期間満了日の約190日前に送られてきますので、はがきを一読し検査の日を予約します。予約の方法は、スマートフォンやパソコンなどから行う「ウェブ予約」と「電話予約」があります。

② 認知機能検査手数料(1,050円)

③ 筆記用具(黒ボールペンなど)

④ メガネや補聴器(必要な方)

検査前の注意点

　携帯電話やスマートフォンは、検査中に呼出音が鳴らないようにマナーモードにするか電源を切り、カバンやポケットなどにしまいましょう。時計をしている方も、カバンやポケットなどにしまいましょう。

検査中の注意点

①回答中は、声を出さないようにしましょう。質問がある場合は、手を挙げてください。

②回答を訂正したいときは、二重線を引き、正しい文字を書きます。

訂正の方法

日　本　文　社（芸）

↑二重線を引き、正しい文字を書く

4つのイラストパターン別 認知機能検査 模擬テスト

手がかり再生は16のイラストを記憶し、後でイラストの名前を答えるものです。ヒントなしとヒントありで答え、イラストはA〜Dの4パターンのどれかが出されます。時間の見当識は検査時の年月日と曜日、時間を答えます。

手がかり再生のイラスト
4つのパターン

手がかり再生のイラストは4パターンだけ

　手がかり再生で使用されるイラストは、A〜Dの4パターンだけです。1パターン16で全部で64のイラストを覚えればよいことになります。

　どのパターンのイラストが出るかについては、検査当日にならないとわかりませんが、覚えておいて損はありません。

ヒント		パターンA	パターンB	パターンC	パターンD
1	戦いの武器	大砲	戦車	機関銃	刀
2	楽器	オルガン	太鼓	琴	アコーディオン
3	体の一部	耳	目	親指	足
4	電気製品	ラジオ	ステレオ	電子レンジ	テレビ
5	昆虫	テントウムシ	トンボ	セミ	カブトムシ
6	動物	ライオン	ウサギ	牛	馬
7	野菜	タケノコ	トマト	トウモロコシ	カボチャ
8	台所用品	フライパン	ヤカン	ナベ	包丁
9	文房具	ものさし	万年筆	はさみ	筆
10	乗り物	オートバイ	飛行機	トラック	ヘリコプター
11	果物	ブドウ	レモン	メロン	パイナップル
12	衣類	スカート	コート	ドレス	ズボン
13	鳥	にわとり	ペンギン	クジャク	スズメ
14	花	バラ	ユリ	チューリップ	ヒマワリ
15	大工道具	ペンチ	カナヅチ	ドライバー	ノコギリ
16	家具	ベッド	机	椅子	ソファー

表紙の記載

回答時間：1分30秒

検査に入る前に、「認知機能検査用紙」の表紙に記入します。

➡「表紙の記載」回答例

ご自分の名前を記入してください。ふりがなはいりません。

認知機能検査検査用紙

名　前	日文太郎
生年月日	大正 (昭和) 24年 1月 10日

ご自分の生年月日を記入してください。元号には○をつけてください。
【例】昭和24年1月10日の場合

諸注意
1　指示があるまで、用紙はめくらないでください。
2　答を書いているときは、声を出さないでください。
3　質問があったら、手を挙げてください。

手がかり再生

16個の絵を見て、あとで何が描かれていたかを答える検査です。
絵を見たあとに、指定の数字に斜線を引く「介入問題」を行います。

①イラストの記憶

これから、いくつかの絵を見せますので、

こちらを見ておいてください。

一度に４つの絵を見せます。

それが何度か続きます。

あとで、何の絵があったかを

すべて、答えていただきます。

よく覚えてください。

絵を覚えるためのヒントも出します。

ヒントを手がかりに

覚えるようにしてください。

見る時間 おおむね
1分00秒

1枚目です。

「これは、大砲です。」
ヒント：戦いの武器

「これは、オルガンです。」
ヒント：楽器

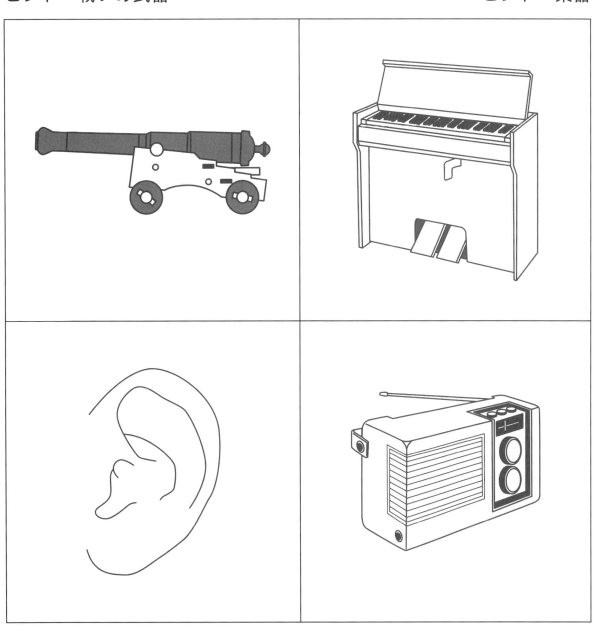

「これは、耳です。」
ヒント：体の一部

「これは、ラジオです。」
ヒント：電気製品

2枚目です。

「これは、テントウムシです。」
ヒント：昆虫

「これは、ライオンです。」
ヒント：動物

「これは、タケノコです。」
ヒント：野菜

「これは、フライパンです。」
ヒント：台所用品

見る時間 おおむね 1分00秒

3枚目です。

「これは、ものさしです。」
ヒント：文房具

「これは、オートバイです。」
ヒント：乗り物

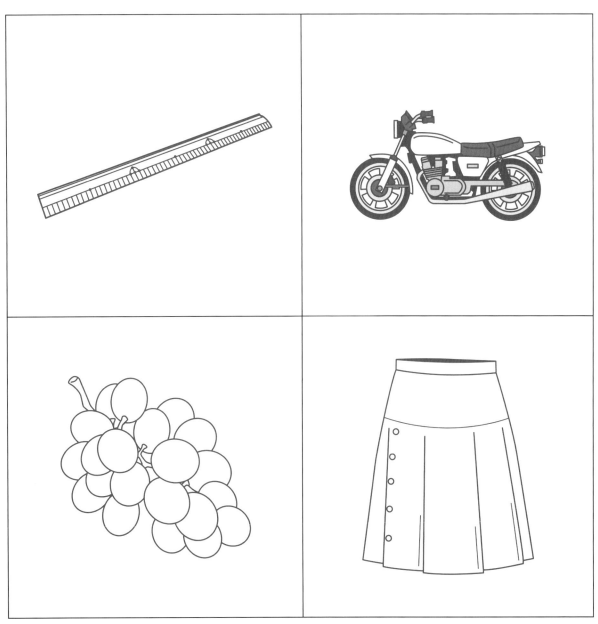

「これは、ブドウです。」
ヒント：果物

「これは、スカートです。」
ヒント：衣類

4枚目です。

「これは、にわとりです。」
ヒント：鳥

「これは、バラです。」
ヒント：花

「これは、ペンチです。」
ヒント：大工道具

「これは、ベッドです。」
ヒント：家具

②介入問題

指定された数字に斜線を引きます。

1回目30秒、2回目30秒の2回行います。

問　題　用　紙　1

　これから、たくさん数字が書かれた表が出ますので、私の指示をした数字に斜線を引いてもらいます。

　例えば、「1と4」に斜線を引いてくださいと言ったときは、

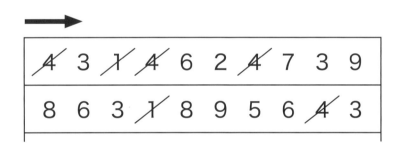

と例示のように順番に、見つけただけ斜線を引いてください。

※ 指示があるまでめくらないでください。

※この課題は採点されません。

1回目 「1と4に斜線を引いてください。」

2回目 「3と6と8に斜線を引いてください。」

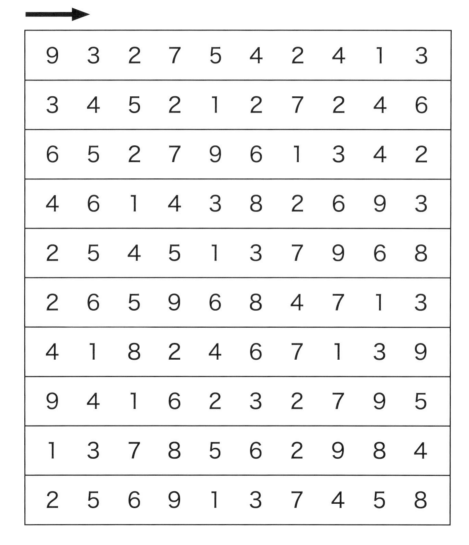

回 答 用 紙 1

9	3	2	7	5	4	2	4	1	3
3	4	5	2	1	2	7	2	4	6
6	5	2	7	9	6	1	3	4	2
4	6	1	4	3	8	2	6	9	3
2	5	4	5	1	3	7	9	6	8
2	6	5	9	6	8	4	7	1	3
4	1	8	2	4	6	7	1	3	9
9	4	1	6	2	3	2	7	9	5
1	3	7	8	5	6	2	9	8	4
2	5	6	9	1	3	7	4	5	8

※ 指示があるまでめくらないでください。

③自由回答

介入課題の前に見たイラストを答える検査です。

問　題　用　紙　2

　少し前に、何枚かの絵をお見せしました。

　何が書かれていたのかを思い出して、できるだけ全部書いてください。

※ 指示があるまでめくらないでください。

自由回答
回答用紙

回答時間 **3分00秒**

※回答の順番は問いません。思い出した順で結構です。

※「漢字」でも「カタカナ」でも「ひらがな」でもかまいません。

回　答　用　紙　2

1.	9.
2.	10.
3.	11.
4.	12.
5.	13.
6.	14.
7.	15.
8.	16.

※ 指示があるまでめくらないでください。

※書き損じた場合は、二重線で訂正してください。

④手がかり回答

介入課題の前に見たイラストを、ヒントを手がかりに答える検査です。

問 題 用 紙 3

今度は回答用紙に、ヒントが
書いてあります。

それを手がかりに、もう一度、
何が描かれていたのかを思い出し
て、できるだけ全部書いてくださ
い。

※ 指示があるまでめくらないでください。

回答用紙

回答時間
3分00秒

※それぞれのヒントに対して回答は1つだけです。2つ以上は書かない
でください。

回 答 用 紙 3

1. 戦いの武器	9. 文房具
2. 楽器	10. 乗り物
3. 体の一部	11. 果物
4. 電気製品	12. 衣類
5. 昆虫	13. 鳥
6. 動物	14. 花
7. 野菜	15. 大工道具
8. 台所用品	16. 家具

※ 指示があるまでめくらないでください。

※「漢字」でも「カタカナ」でも「ひらがな」でもかまいません。
※書き損じた場合は、二重線で訂正してください。

時間の見当識

検査を受ける年、月、日、曜日、時刻を答える検査です。

問題用紙 4

　この検査には、5つの質問があります。

　左側に質問が書いてありますので、それぞれの質問に対する答を右側の回答欄に記入してください。

　答がわからない場合には、自信がなくても良いので思ったとおりに記入してください。空欄とならないようにしてください。

※ 指示があるまでめくらないでください。

回答用紙

回答時間
2分00秒

※「何年」の回答は、西暦で書いても、和暦で書いてもかまいません。

回　答　用　紙　4

以下の質問にお答えください。

質　問	回　答
今年は何年ですか？	年
今月は何月ですか？	月
今日は何日ですか？	日
今日は何曜日ですか？	曜日
今は何時何分ですか？	時　　分

イラストパターンA 模擬テスト
回答

手がかり再生　自由回答　　　　**手がかり回答**

時間の見当識

回答は「202●年（令和●年）12月18日、月曜日、11時30分の場合」

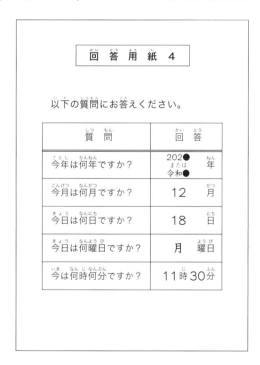

※手がかり再生の「介入課題」は採点しないので、
回答はP.80にまとめて記載してあります。

採点補助用紙

1 手がかり再生
（回答用紙2、3）

	イラスト	自由回答	手がかり回答	得点
1	大砲			
2	オルガン			
3	耳			
4	ラジオ			
5	テントウムシ			
6	ライオン			
7	タケノコ			
8	フライパン			
9	ものさし			
10	オートバイ			
11	ブドウ			
12	スカート			
13	にわとり			
14	バラ			
15	ペンチ			
16	ベッド			
	小計 1			／32

2 時間の見当識
（回答用紙4）

質問	得点
何年	
何月	
何日	
何曜日	
何時何分	
小計 2	／15

【総合点の算出】

1 □ ／32 × 2.499 + 2 □ ／15 × 1.336 ＝ 総合点 □ 点

【採点結果】

36点未満 ✕	
36点以上 ◯	

イラストパターンB
模擬テスト

手がかり再生

16個の絵を見て、あとで何が描かれていたかを答える検査です。

絵を見たあとに、指定の数字に斜線を引く「介入問題」を行います。

---

①イラストの記憶

これから、いくつかの絵を見せますので、

こちらを見ておいてください。

一度に4つの絵を見せます。

それが何度か続きます。

あとで、何の絵があったかを

すべて、答えていただきます。

よく覚えてください。

絵を覚えるためのヒントも出します。

ヒントを手がかりに

覚えるようにしてください。

1枚目です。

「これは、戦車です。」
ヒント：戦いの武器

「これは、太鼓です。」
ヒント：楽器

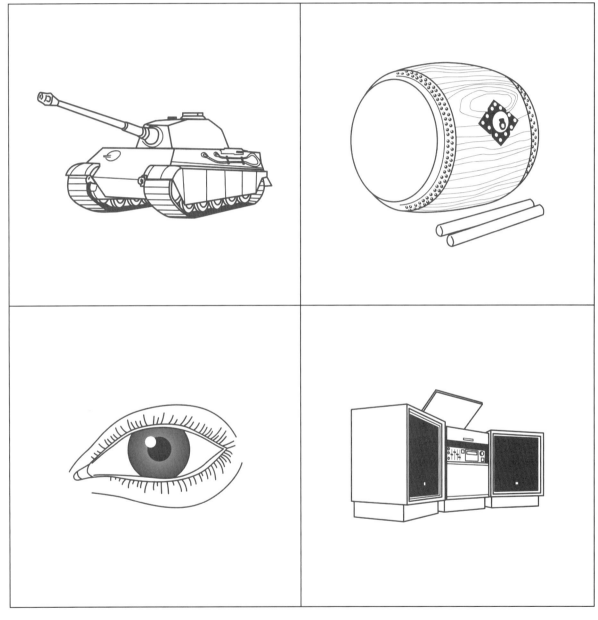

「これは、目です。」
ヒント：体の一部

「これは、ステレオです。」
ヒント：電気製品

見る時間 おおむね **1分00秒**

2枚目です。

「これは、トンボです。」
ヒント：昆虫

「これは、ウサギです。」
ヒント：動物

「これは、トマトです。」
ヒント：野菜

「これは、ヤカンです。」
ヒント：台所用品

イラストパターンB

模擬テスト

3枚目です。

「これは、万年筆です。」
ヒント：文房具

「これは、飛行機です。」
　　　　ヒント：乗り物

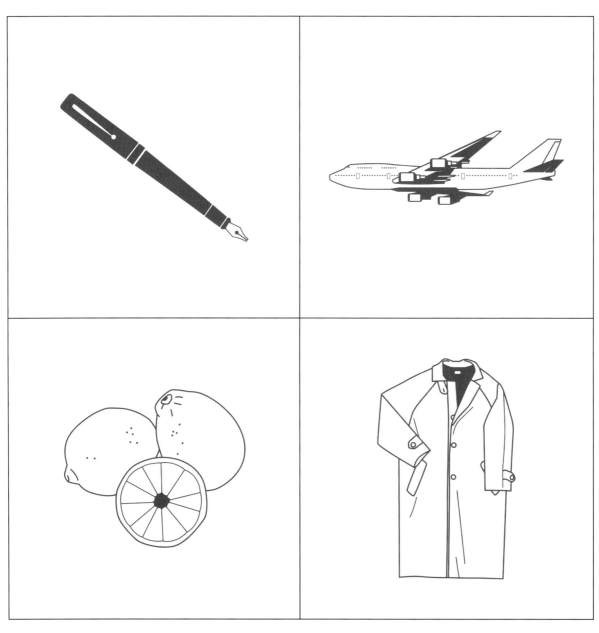

「これは、レモンです。」
ヒント：果物

「これは、コートです。」
　　　　ヒント：衣類

4枚目です。

「これは、ペンギンです。」
ヒント：鳥

「これは、ユリです。」
ヒント：花

「これは、カナヅチです。」
ヒント：大工道具

「これは、机です。」
ヒント：家具

②介入問題

指定された数字に斜線を引きます。

1回目30秒、2回目30秒の2回行います。

問　題　用　紙　1

　これから、たくさん数字が書かれた表が出ますので、私の指示をした数字に斜線を引いてもらいます。

　例えば、「1と4」に斜線を引いてくださいと言ったときは、

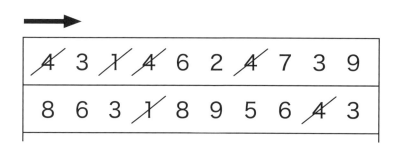

と例示のように順番に、見つけただけ斜線を引いてください。

　※ 指示があるまでめくらないでください。

※この課題は採点されません。

回答時間 1回目 **30**秒 2回目 **30**秒

1回目 「3と5に斜線を引いてください。」

2回目 「2と7と9に斜線を引いてください。」

回 答 用 紙 1

→

9	3	2	7	5	4	2	4	1	3
3	4	5	2	1	2	7	2	4	6
6	5	2	7	9	6	1	3	4	2
4	6	1	4	3	8	2	6	9	3
2	5	4	5	1	3	7	9	6	8
2	6	5	9	6	8	4	7	1	3
4	1	8	2	4	6	7	1	3	9
9	4	1	6	2	3	2	7	9	5
1	3	7	8	5	6	2	9	8	4
2	5	6	9	1	3	7	4	5	8

※ 指示があるまでめくらないでください。

イラストパターンB 模擬テスト

41

③自由回答

介入課題の前に見たイラストを答える検査です。

問 題 用 紙 2

　　少し前に、何枚かの絵をお見せ
しました。

　　何が書かれていたのかを思い出
して、できるだけ全部書いてくだ
さい。

　　※ 指示があるまでめくらないでください。

自由回答
回答用紙

回答時間 **3分00秒**

※回答の順番は問いません。思い出した順で結構です。

※「漢字」でも「カタカナ」でも「ひらがな」でもかまいません。

<table>
<tr><td colspan="2" align="center">回 答 用 紙 2</td></tr>
</table>

1.	9.
2.	10.
3.	11.
4.	12.
5.	13.
6.	14.
7.	15.
8.	16.

※ 指示があるまでめくらないでください。

※書き損じた場合は、二重線で訂正してください。

イラストパターンB 模擬テスト

④手がかり回答

介入課題の前に見たイラストを、ヒントを手がかりに答える検査です。

問　題　用　紙　3

今度は回答用紙に、ヒントが
書いてあります。

それを手がかりに、もう一度、
何が描かれていたのかを思い出し
て、できるだけ全部書いてくださ
い。

※ 指示があるまでめくらないでください。

回答時間 **3分00秒**

手がかり回答
回答用紙

※それぞれのヒントに対して回答は1つだけです。2つ以上は書かない
でください。

回 答 用 紙 3

1. 戦いの武器	9. 文房具
2. 楽器	10. 乗り物
3. 体の一部	11. 果物
4. 電気製品	12. 衣類
5. 昆虫	13. 鳥
6. 動物	14. 花
7. 野菜	15. 大工道具
8. 台所用品	16. 家具

※ 指示があるまでめくらないでください。

※「漢字」でも「カタカナ」でも「ひらがな」でもかまいません。
※書き損じた場合は、二重線で訂正してください。

時間の見当識

検査を受ける年、月、日、曜日、時刻を答える検査です。

....

問 題 用 紙 4

　この検査には、5つの質問があり
ます。
　左側に質問が書いてありますの
で、それぞれの質問に対する答を右
側の回答欄に記入してください。
　答がわからない場合には、自信が
なくても良いので思ったとおりに
記入してください。空欄とならない
ようにしてください。

※ 指示があるまでめくらないでください。

時間の見当識
回答用紙

回答時間 **2分00秒**

※「何年」の回答は、西暦で書いても、和暦で書いてもかまいません。

回　答　用　紙　4

以下の質問にお答えください。

質　問	回　答
今年は何年ですか？	年
今月は何月ですか？	月
今日は何日ですか？	日
今日は何曜日ですか？	曜日
今は何時何分ですか？	時　　分

イラストパターンB　模擬テスト

47

回答

手がかり再生　自由回答

回 答 用 紙 2

1. 戦車	9. 万年筆
2. 太鼓	10. 飛行機
3. 目	11. レモン
4. ステレオ	12. コート
5. トンボ	13. ペンギン
6. ウサギ	14. ユリ
7. トマト	15. カナヅチ
8. ヤカン	16. 机

※ 指示があるまでめくらないでください。

手がかり回答

回 答 用 紙 3

1. 戦いの武器 戦車	9. 文房具 万年筆
2. 楽器 太鼓	10. 乗り物 飛行機
3. 体の一部 目	11. 果物 レモン
4. 電気製品 ステレオ	12. 衣類 コート
5. 昆虫 トンボ	13. 鳥 ペンギン
6. 動物 ウサギ	14. 花 ユリ
7. 野菜 トマト	15. 大工道具 カナヅチ
8. 台所用品 ヤカン	16. 家具 机

※ 指示があるまでめくらないでください。

時間の見当識

回答は「202●年（令和●年）12月5日、火曜日、10時45分の場合」

回 答 用 紙 4

以下の質問にお答えください。

質 問	回 答
今年は何年ですか？	202● 年 または 令和●
今月は何月ですか？	12 月
今日は何日ですか？	5 日
今日は何曜日ですか？	火 曜日
今は何時何分ですか？	10時45分

※手がかり再生の「介入課題」は採点しないので、
回答はP.80にまとめて記載してあります。

イラストパターンB 模擬テスト
採点補助用紙

採点補助用紙

イラストパターンB

回答

1 手がかり再生
（回答用紙2、3）

	イラスト	自由回答	手がかり回答	得点
1	戦車			
2	太鼓			
3	目			
4	ステレオ			
5	トンボ			
6	ウサギ			
7	トマト			
8	ヤカン			
9	万年筆			
10	飛行機			
11	レモン			
12	コート			
13	ペンギン			
14	ユリ			
15	カナヅチ			
16	机			
小計 1				／32

2 時間の見当識
（回答用紙4）

質問	得点
何年	
何月	
何日	
何曜日	
何時何分	
小計 2	／15

【総合点の算出】

1 ／32 ×2.499 + 2 ／15 ×1.336 = 総合点 点

【採点結果】

36点未満 ✘	
36点以上 ◯	

手がかり再生

16個の絵を見て、あとで何が描かれていたかを答える検査です。

絵を見たあとに、指定の数字に斜線を引く「介入問題」を行います。

①イラストの記憶

これから、いくつかの絵を見せますので、

こちらを見ておいてください。

一度に4つの絵を見せます。

それが何度か続きます。

あとで、何の絵があったかを

すべて、答えていただきます。

よく覚えてください。

絵を覚えるためのヒントも出します。

ヒントを手がかりに

覚えるようにしてください。

見る時間 おおむね
1分00秒

1枚目です。

「これは、機関銃です。」
ヒント：戦いの武器

「これは、琴です。」
ヒント：楽器

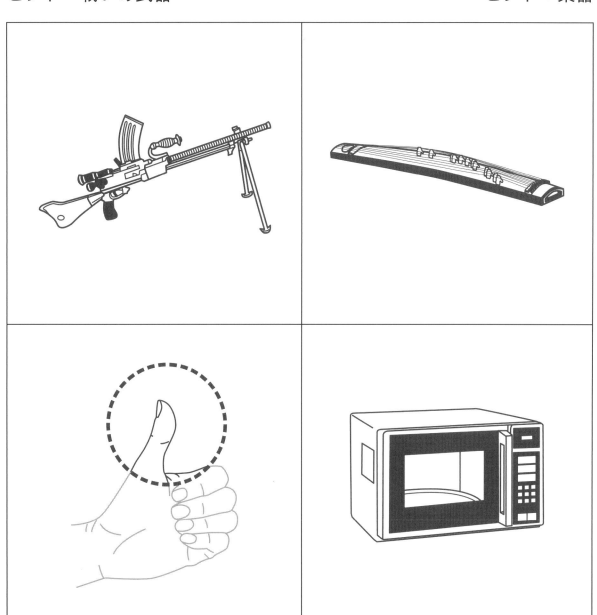

「これは、親指です。」
ヒント：体の一部

「これは、電子レンジです。」
ヒント：電気製品

イラストパターンC 模擬テスト

2枚目です。

「これは、セミです。」
ヒント：昆虫

「これは、牛です。」
ヒント：動物

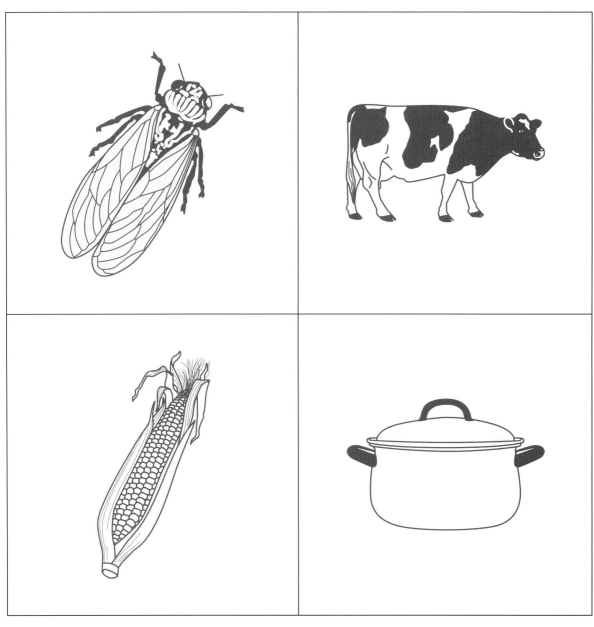

「これは、トウモロコシです。」
ヒント：野菜

「これは、ナベです。」
ヒント：台所用品

見る時間 おおむね
1分00秒

3枚目です。

「これは、はさみです。」
ヒント：文房具

「これは、トラックです。」
ヒント：乗り物

「これは、メロンです。」
ヒント：果物

「これは、ドレスです。」
ヒント：衣類

4枚目です。

「これは、クジャクです。」
ヒント：鳥

「これは、チューリップです。」
ヒント：花

「これは、ドライバーです。」
ヒント：大工道具

「これは、椅子です。」
ヒント：家具

②介入問題

指定された数字に斜線を引きます。

1回目30秒、2回目30秒の2回行います。

問 題 用 紙 1

これから、たくさん数字が書かれた表が出ますので、私の指示をした数字に斜線を引いてもらいます。

例えば、「1と4」に斜線を引いてくださいと言ったときは、

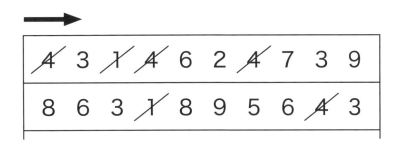

と例示のように順番に、見つけただけ斜線を引いてください。

※ 指示があるまでめくらないでください。

※この課題は採点されません。

1回目 「2と3に斜線を引いてください。」

2回目 「1と6と8に斜線を引いてください。」

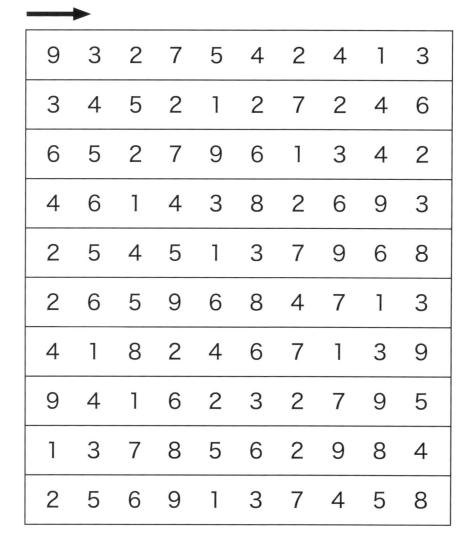

回　答　用　紙　1

9	3	2	7	5	4	2	4	1	3
3	4	5	2	1	2	7	2	4	6
6	5	2	7	9	6	1	3	4	2
4	6	1	4	3	8	2	6	9	3
2	5	4	5	1	3	7	9	6	8
2	6	5	9	6	8	4	7	1	3
4	1	8	2	4	6	7	1	3	9
9	4	1	6	2	3	2	7	9	5
1	3	7	8	5	6	2	9	8	4
2	5	6	9	1	3	7	4	5	8

※ 指示があるまでめくらないでください。

③自由回答

介入課題の前に見たイラストを答える検査です。

問　題　用　紙　2

少し前に、何枚かの絵をお見せしました。

何が書かれていたのかを思い出して、できるだけ全部書いてください。

※ 指示があるまでめくらないでください。

回答用紙

回答時間 3分00秒

※回答の順番は問いません。思い出した順で結構です。

※「漢字」でも「カタカナ」でも「ひらがな」でもかまいません。

回 答 用 紙 2

1.	9.
2.	10.
3.	11.
4.	12.
5.	13.
6.	14.
7.	15.
8.	16.

※ 指示があるまでめくらないでください。

※書き損じた場合は、二重線で訂正してください。

④手がかり回答

介入課題の前に見たイラストを、ヒントを手がかりに答える検査です。

問題用紙3

今度は回答用紙に、ヒントが書いてあります。

それを手がかりに、もう一度、何が描かれていたのかを思い出して、できるだけ全部書いてください。

※ 指示があるまでめくらないでください。

回答用紙

回答時間
3分00秒

※それぞれのヒントに対して回答は1つだけです。2つ以上は書かない
でください。

回答用紙 3

1. 戦いの武器	9. 文房具
2. 楽器	10. 乗り物
3. 体の一部	11. 果物
4. 電気製品	12. 衣類
5. 昆虫	13. 鳥
6. 動物	14. 花
7. 野菜	15. 大工道具
8. 台所用品	16. 家具

※ 指示があるまでめくらないでください。

※「漢字」でも「カタカナ」でも「ひらがな」でもかまいません。

※書き損じた場合は、二重線で訂正してください。

時間の見当識

検査を受ける年、月、日、曜日、時刻を答える検査です。

問 題 用 紙 4

　この検査には、5つの質問があります。

　左側に質問が書いてありますので、それぞれの質問に対する答を右側の回答欄に記入してください。

　答がわからない場合には、自信がなくても良いので思ったとおりに記入してください。空欄とならないようにしてください。

※ 指示があるまでめくらないでください。

回答用紙

回答時間 **2分00秒**

※「何年」の回答は、西暦で書いても、和暦で書いてもかまいません。

回答用紙 4

以下の質問にお答えください。

質問	回答
今年は何年ですか？	年
今月は何月ですか？	月
今日は何日ですか？	日
今日は何曜日ですか？	曜日
今は何時何分ですか？	時　分

イラストパターンC 模擬テスト 回答

手がかり再生 自由回答 　　　　手がかり回答

回 答 用 紙 2

1. 機関銃	9. はさみ
2. 琴	10. トラック
3. 親指	11. メロン
4. 電子レンジ	12. ドレス
5. セミ	13. クジャク
6. 牛	14. チューリップ
7. トウモロコシ	15. ドライバー
8. ナベ	16. 椅子

※ 指示があるまでめくらないでください。

回 答 用 紙 3

1. 戦いの武器 機関銃	9. 文房具 はさみ
2. 楽器 琴	10. 乗り物 トラック
3. 体の一部 親指	11. 果物 メロン
4. 電気製品 電子レンジ	12. 衣類 ドレス
5. 昆虫 セミ	13. 鳥 クジャク
6. 動物 牛	14. 花 チューリップ
7. 野菜 トウモロコシ	15. 大工道具 ドライバー
8. 台所用品 ナベ	16. 家具 椅子

※ 指示があるまでめくらないでください。

時間の見当識

回答は「202●年（令和●年）12月25日、月曜日、10時10分の場合」

回 答 用 紙 4

以下の質問にお答えください。

質 問	回 答
今年は何年ですか？	202● 年 または 令和●
今月は何月ですか？	12 月
今日は何日ですか？	25 日
今日は何曜日ですか？	月 曜日
今は何時何分ですか？	10時 10分

※手がかり再生の「介入課題」は採点しないので、
回答はP.80にまとめて記載してあります。

イラストパターンC 回答

採点補助用紙

① 手がかり再生
（回答用紙2、3）

	イラスト	自由回答	手がかり回答	得点
1	機関銃			
2	琴			
3	親指			
4	電子レンジ			
5	セミ			
6	牛			
7	トウモロコシ			
8	ナベ			
9	はさみ			
10	トラック			
11	メロン			
12	ドレス			
13	クジャク			
14	チューリップ			
15	ドライバー			
16	椅子			
小計　①				／32

② 時間の見当識
（回答用紙4）

質問	得点
何年	
何月	
何日	
何曜日	
何時何分	
小計　②	／15

【総合点の算出】

①		②		総合点
／32	×2.499＋	／15	×1.336＝	点

【採点結果】

36点未満 ✘	
36点以上 ◯	

イラストパターンD
模擬テスト

手がかり再生

16個の絵を見て、あとで何が描かれていたかを答える検査です。

絵を見たあとに、指定の数字に斜線を引く「介入問題」を行います。

①イラストの記憶

これから、いくつかの絵を見せますので、

こちらを見ておいてください。

一度に４つの絵を見せます。

それが何度か続きます。

あとで、何の絵があったかを

すべて、答えていただきます。

よく覚えてください。

絵を覚えるためのヒントも出します。

ヒントを手がかりに

覚えるようにしてください。

1枚目です。

「これは、刀です。」
ヒント：戦いの武器

「これは、アコーディオンです。」
ヒント：楽器

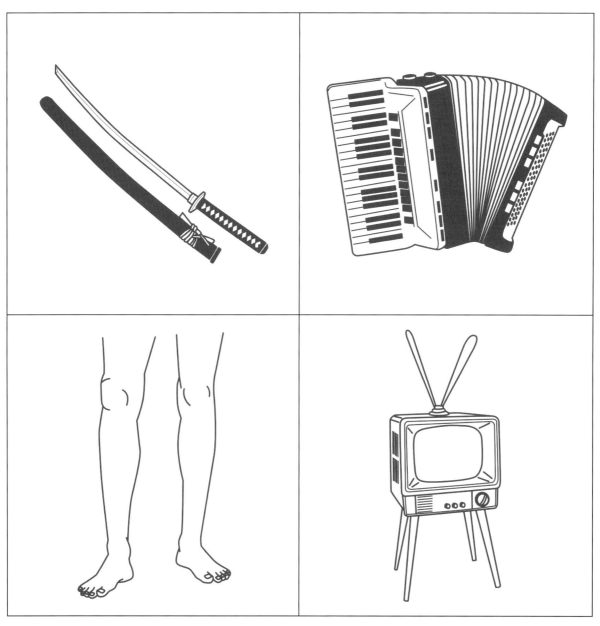

「これは、足です。」
ヒント：体の一部

「これは、テレビです。」
ヒント：電気製品

見る時間 おおむね
1分00秒

2枚目です。

「これは、カブトムシです。」
ヒント：昆虫

「これは、馬です。」
ヒント：動物

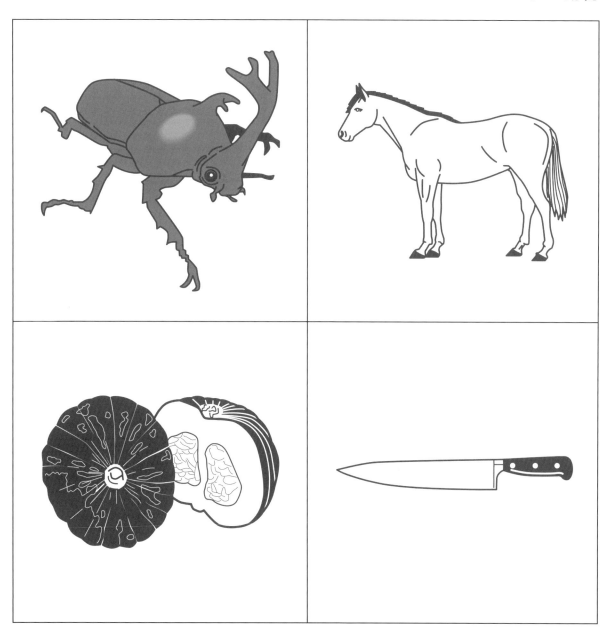

「これは、カボチャです。」
ヒント：野菜

「これは、包丁です。」
ヒント：台所用品

イラストパターンD 模擬テスト

3枚目です。

「これは、筆です。」
ヒント：文房具

「これは、ヘリコプターです。」
ヒント：乗り物

「これは、パイナップルです。」
ヒント：果物

「これは、ズボンです。」
ヒント：衣類

見る時間 おおむね
1分00秒

4枚目です。

「これは、スズメです。」
ヒント：鳥

「これは、ヒマワリです。」
ヒント：花

「これは、ノコギリです。」
ヒント：大工道具

「これは、ソファーです。」
ヒント：家具

イラストパターンD

模擬テスト

69

②介入問題

指定された数字に斜線を引きます。

1回目30秒、2回目30秒の2回行います。

問　題　用　紙　1

　これから、たくさん数字が書かれ
た表が出ますので、私の指示をした
数字に斜線を引いてもらいます。
　例えば、「1と4」に斜線を引い
てくださいと言ったときは、

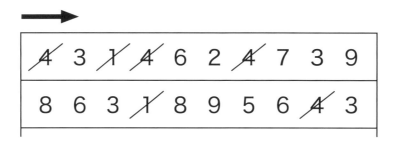

と例示のように順番に、見つけただ
け斜線を引いてください。

　※ 指示があるまでめくらないでください。

※この課題は採点されません。

1回目 「2と4に斜線を引いてください。」

2回目 「3と7と9に斜線を引いてください。」

回 答 用 紙 1

→

9	3	2	7	5	4	2	4	1	3
3	4	5	2	1	2	7	2	4	6
6	5	2	7	9	6	1	3	4	2
4	6	1	4	3	8	2	6	9	3
2	5	4	5	1	3	7	9	6	8
2	6	5	9	6	8	4	7	1	3
4	1	8	2	4	6	7	1	3	9
9	4	1	6	2	3	2	7	9	5
1	3	7	8	5	6	2	9	8	4
2	5	6	9	1	3	7	4	5	8

※ 指示があるまでめくらないでください。

イラストパターンD 模擬テスト

③自由回答

介入課題の前に見たイラストを答える検査です。

問題用紙 2

　　少し前に、何枚かの絵をお見せ
しました。

　　何が書かれていたのかを思い出
して、できるだけ全部書いてくだ
さい。

　　※ 指示があるまでめくらないでください。

自由回答
回答用紙

※回答の順番は問いません。思い出した順で結構です。

※「漢字」でも「カタカナ」でも「ひらがな」でもかまいません。

回 答 用 紙 2

1.	9.
2.	10.
3.	11.
4.	12.
5.	13.
6.	14.
7.	15.
8.	16.

※ 指示があるまでくらないでください。

※書き損じた場合は、二重線で訂正してください。

イラストパターンD 模擬テスト

73

④手がかり回答

介入課題の前に見たイラストを、ヒントを手がかりに答える検査です。

問 題 用 紙 3

　今度は回答用紙に、ヒントが
書いてあります。

　それを手がかりに、もう一度、
何が描かれていたのかを思い出し
て、できるだけ全部書いてくださ
い。

※ 指示があるまでめくらないでください。

手がかり回答
回答用紙

※それぞれのヒントに対して回答は1つだけです。2つ以上は書かない
でください。

回　答　用　紙　3

1. 戦いの武器		9. 文房具
2. 楽器		10. 乗り物
3. 体の一部		11. 果物
4. 電気製品		12. 衣類
5. 昆虫		13. 鳥
6. 動物		14. 花
7. 野菜		15. 大工道具
8. 台所用品		16. 家具

※ 指示があるまでめくらないでください。

※「漢字」でも「カタカナ」でも「ひらがな」でもかまいません。
※書き損じた場合は、二重線で訂正してください。

イラストパターンD　模擬テスト

時間の見当識

検査を受ける年、月、日、曜日、時刻を答える検査です。

問　題　用　紙　4

　この検査には、5つの質問があります。

　左側に質問が書いてありますので、それぞれの質問に対する答を右側の回答欄に記入してください。

　答がわからない場合には、自信がなくても良いので思ったとおりに記入してください。空欄とならないようにしてください。

　※ 指示があるまでめくらないでください。

時間の見当識
回答用紙

回答時間 2分00秒

※「何年」の回答は、西暦で書いても、和暦で書いてもかまいません。

回 答 用 紙 4

以下の質問にお答えください。

質 問	回 答
今年は何年ですか？	年
今月は何月ですか？	月
今日は何日ですか？	日
今日は何曜日ですか？	曜日
今は何時何分ですか？	時　分

イラストパターンD　模擬テスト

77

イラストパターンD 模擬テスト
回答

手がかり再生　自由回答

回答用紙 2

1. 刀	9. 筆
2. アコーディオン	10. ヘリコプター
3. 足	11. パイナップル
4. テレビ	12. ズボン
5. カブトムシ	13. スズメ
6. 馬	14. ヒマワリ
7. カボチャ	15. ノコギリ
8. 包丁	16. ソファー

※ 指示があるまでめくらないでください。

手がかり回答

回答用紙 3

1. 戦いの武器　刀	9. 文房具　筆
2. 楽器　アコーディオン	10. 乗り物　ヘリコプター
3. 体の一部　足	11. 果物　パイナップル
4. 電気製品　テレビ	12. 衣類　ズボン
5. 昆虫　カブトムシ	13. 鳥　スズメ
6. 動物　馬	14. 花　ヒマワリ
7. 野菜　カボチャ	15. 大工道具　ノコギリ
8. 台所用品　包丁	16. 家具　ソファー

※ 指示があるまでめくらないでください。

時間の見当識

回答は「202●年（令和●年）12月7日、木曜日、10時30分の場合」

回答用紙 4

以下の質問にお答えください。

質問	回答
今年は何年ですか？	202● または 令和● 年
今月は何月ですか？	12 月
今日は何日ですか？	7 日
今日は何曜日ですか？	木 曜日
今は何時何分ですか？	10時30分

※手がかり再生の「介入課題」は採点しないので、
回答はP.80にまとめて記載してあります。

イラストパターンD 模擬テスト
採点補助用紙

採点補助用紙

① 手がかり再生
（回答用紙2、3）

	イラスト	自由回答	手がかり回答	得点
1	刀			
2	アコーディオン			
3	足			
4	テレビ			
5	カブトムシ			
6	馬			
7	カボチャ			
8	包丁			
9	筆			
10	ヘリコプター			
11	パイナップル			
12	ズボン			
13	スズメ			
14	ヒマワリ			
15	ノコギリ			
16	ソファー			
	小計 ①			／32

② 時間の見当識
（回答用紙4）

質問	得点
何年	
何月	
何日	
何曜日	
何時何分	
小計 ②	／15

【総合点の算出】

① ／32 ×2.499＋ ② ／15 ×1.336＝ 総合点 点

【採点結果】

36点未満 ✕	
36点以上 〇	

イラストパターンD 模擬テスト

［参考］ 手がかり再生（介入課題）の回答

　この問題は採点しないので、イラストパターンA〜Dまでまとめて回答を示します。

イラストパターンA 模擬テスト

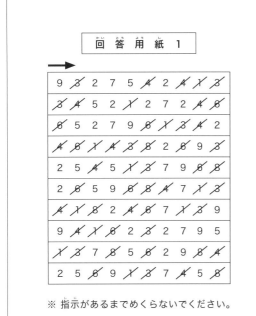

※ 指示があるまでめくらないでください。

イラストパターンB 模擬テスト

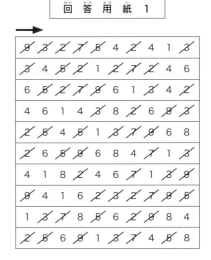

※ 指示があるまでめくらないでください。

イラストパターンC 模擬テスト

※ 指示があるまでめくらないでください。

イラストパターンD 模擬テスト

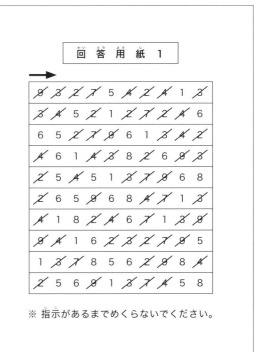

※ 指示があるまでめくらないでください。

免許更新までの流れを
確認しておこう

運転免許証の更新期間が満了する日の年齢が75歳以上の
方が免許を更新するときは、認知機能検査のほかに高齢
者講習なども受けなければなりません。一連の流れを確認
し、スムーズに行えるようにしておきましょう。

免許を更新するときの流れ

70歳以上の方の免許更新の流れ（一例）

70歳～74歳

75歳以上（普通免許証等を保有）

→

認知機能検査

認知症のおそれなし

※認知症に関する医師の診断書を提出することで、認知機能検査に代えることができます。

認知症のおそれあり

→

臨時適性検査（専門医の診断）または診断書の提出

認知症でない

※検査や講習を受ける順番は、一律ではありません（予約状況などによって異なります）。

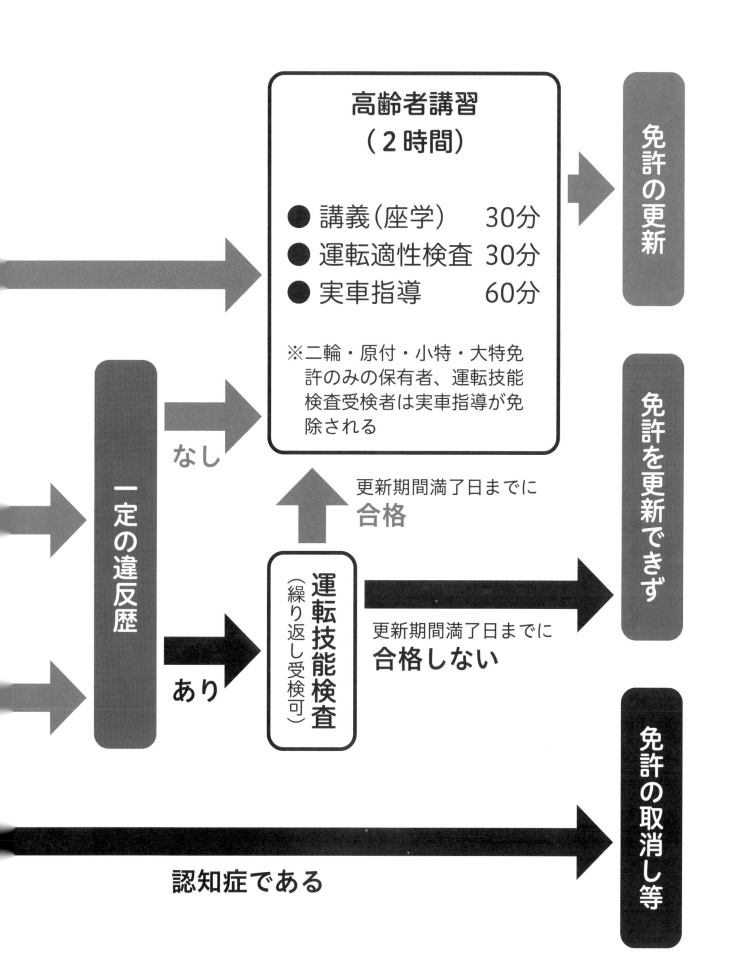

高齢者講習
（2時間）

● 講義（座学）　30分
● 運転適性検査　30分
● 実車指導　　　60分

※二輪・原付・小特・大特免許のみの保有者、運転技能検査受検者は実車指導が免除される

免許の更新

一定の違反歴

なし

あり

運転技能検査
（繰り返し受検可）

更新期間満了日までに
合格

更新期間満了日までに
合格しない

免許を更新できず

認知症である

免許の取消し等

運転技能検査(実車試験)の内容

　近年、高齢運転者による運転操作の誤りで起こる事故が多発しており、運転技能を確認する意味で導入が決まり、2022(令和4)年5月13日からスタートしました。

　検査の対象は、75歳以上の方が免許の更新をしようとするときで、過去3年間に「一定の違反歴(次ページ参照)」のある、普通自動車を運転できる免許をお持ちの方です。免許証の有効期間が満了する日の直前の誕生日の160日前の日からさかのぼり、3年の間に大型自動車、中型自動車、準中型自動車、普通自動車を運転していて、一定の違反歴がある方が対象です。

検査の内容

検査を受ける期間	免許証の満了日の6か月前から満了日まで
検査の内容	検査が行われるコースを普通自動車で走行する。 課題はP.86〜87参照
検査時間と合格基準	約20分間行い、100点満点中、第二種免許の所有者は80点以上、それ以外の方は70点以上が合格
検査手数料	検査を受ける会場によって異なる ※料金は通知はがきで確認してください。

「一定の違反歴」の内容

　運転技能検査の対象になる「一定の違反歴」は、全部で11種類あります。

1	信号無視	【例】赤信号を無視する
2	通行区分違反	【例】逆走、歩道を通行する
3	通行帯違反	【例】正当な理由なく追い越し車線を走り続ける
4	速度超過	【例】制限速度を超えて走行する
5	横断等禁止違反	【例】転回禁止の道路で転回(Uターン)する
6	踏切不停止等・遮断踏切立入り	【例】踏切の直前で停止しない、遮断機が下りている踏切内に進入する
7	交差点右左折方法違反等	【例】左折するときに左側端に沿わない
8	交差点安全進行義務違反等	【例】交差点を直進する対向車があるとき、その進行を妨害して交差点を右折する
9	横断歩行者等妨害等	【例】歩行者が横断歩道を横断しているとき、一時停止せずに横断歩道に進入する
10	安全運転義務違反	【例】安全運転に必要な注意することなく漫然と運転する
11	携帯電話使用等	【例】運転中、携帯電話で通話やメールの送受信をする

運転技能検査の課題とポイント、採点

　普通自動車で教習所などのコースを運転し、以下の課題を行います。100点満点からの減点方式で採点し、第二種免許の所有者は80点以上、それ以外の方は70点以上で合格となります。

課題1	指示速度による走行

[ここを見る！]
指示された速度で安全に走行できるか
[減点]
速すぎたり遅すぎたりした場合は
−10点

時速
40km

課題2	一時停止

[ここを見る！]
標識等で一時停止が指定された交差点で、停止線の手前で確実に停止できるか
[減点]
停止線の手前で停止できなかった場合は、その程度に応じて
−10点 または −20点

一時停止

[減点]
検査中、衝突等の危険を避けるため検査員が補助ブレーキを踏むなどした場合は −30点

ブレーキ

課題 3	右折・左折

[ここを見る！]

右左折時に、道路の中央からはみ出して反対車線に入ったり、脱輪したりせずに、安全に曲がることができるか

[減点]

車体が中央線からはみ出した場合は、その程度に応じて

−20点 または −40点

脱輪した場合は −20点

課題 4	信号通過

[ここを見る！]

赤信号に従って停止線の手前で確実に停止できるか

[減点]

停止線の手前で停止できなかった場合は、その程度に応じて

−10点 または −40点

課題 5	段差乗り上げ

[ここを見る！]

段差に乗り上げたあと、ただちにアクセルペダルからブレーキペダルに踏みかえて安全に停止することができるか

[減点]

段差に乗り上げたあと、適切に停止できない場合は −20点

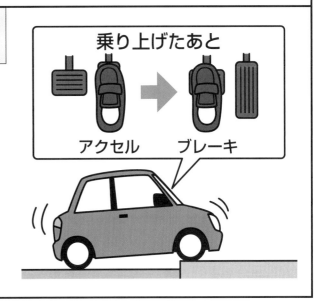

高齢者講習の内容

高齢者講習は、70歳以上の方が免許を更新するときに受けなければならない講習です。次のような内容の講習が行われます。

講習方法と時間		講習科目	講習細目
1	講義（座学）30分	道路交通の現状と交通事故の実態	(1)地域における交通事故情勢 (2)高齢者の交通事故の実態 (3)高齢者支援制度等の紹介
		運転者の心構えと義務	(1)安全運転の基本 (2)交通事故の悲惨さ (3)シートベルト等の着用
		安全運転の知識	(1)高齢者の特性を踏まえた運転方法 (2)危険予測と回避方法等 (3)改正された道路交通法令
2	運転適性検査器材による指導30分	運転適性についての指導①	運転適性検査器材による指導（視力検査は、通常の免許更新時に行う「静止視力」のほか、「動体視力」「夜間視力」を行う。静止力の検査結果によって「視野検査」も行う）
3	実車による指導60分	運転適性についての指導②	(1)事前説明 (2)ならし走行 (3)課題 (4)安全指導

※普通自動車対応免許所持の方の高齢者講習です。

※高齢者講習が終わったあとに、「高齢者講習修了証明書」等が交付されます。この証明書は、免許更新の際に必要です。

臨時に行われる検査と講習

臨時認知症検査とは？

　75歳以上の運転者が、免許更新以外の場合に認知機能の低下が要因と思われる下記の違反行為をした場合は、臨時認知機能検査を受けなければなりません。対象者には「臨時認知機能検査通知書」が送付され、1か月以内に検査を受けます。受けない場合は、免許の停止または取消しとなります。検査の内容と手数料は、認知機能検査と同じです。

臨時認知機能検査の対象となる18種類の違反行為

1
信号無視
【例】赤信号を無視した

2
通行禁止違反
【例】通行禁止の道路を通行した

3
通行区分違反
【例】逆走する、歩道を通行した

4
横断等禁止違反
【例】転回禁止の道路で転回した

5
進路変更禁止違反
【例】黄色の線を越えて進路変更した

6
遮断踏切立入り等
【例】踏切の遮断機が降りている踏切内に進入した

7
交差点右左折方法違反
【例】徐行せずに右左折した

8
指定通行区分違反
【例】直進レーンから交差点で右折した

9
環状交差点左折等方法違反
【例】徐行せずに環状交差点で左折した

10 優先道路通行車妨害等
【例】優先道路を通行している車両の進行を妨害した

11 交差点優先車妨害
【例】交差点を直進する対向車両があるとき、それを妨害して右折した

12 環状交差点通行車妨害等
【例】環状交差点内を通行する他の車両の進行を妨害した

13 横断歩道における横断歩行者等妨害
【例】歩行者が横断歩道を通行しているとき、一時停止せずに横断歩道を通行した

14 横断歩道のない交差点における横断歩行者妨害等
【例】横断歩道のない交差点を歩行者が通行しているとき、交差点に進入して歩行者を妨害した

15 徐行場所違反
【例】徐行すべき場所で徐行しなかった

16 指定場所一時不停止等
【例】一時停止せずに交差点に進入した

17 合図不履行
【例】右左折するときに合図をしなかった

18 安全運転義務違反
【例】危険な運転をした

臨時高齢者講習とは？

　臨時認知機能検査を受けた方で、「認知症のおそれあり」と判定された場合は、臨時適性検査を受けるか、医師の診断書を提出しなければなりません。そして、「認知症ではない」と診断された方のうち、前回の検査より結果が悪くなっている場合は、臨時高齢者講習を受けなければなりません。対象者には「臨時高齢者講習通知書」が送付され、1か月以内に臨時高齢者講習を受けます。受けない場合は、免許の停止または取消しとなります。講習の内容と手数料は、高齢者講習と同じです。

臨時認知機能検査と臨時高齢者講習の流れ

18種類の違反（89〜90ページ参照）をすると

↓

「臨時認知機能検査通知書」が送付される
（通知を受けた日から1か月以内に受検する）

「認知症のおそれなし」と
判定された方
（36点以上の方）

「認知症のおそれあり」と
判定された方
（36点未満の方）

臨時適性検査（専門医の診断）の受検、または医師の診断書を提出する（通知書が送付される）

認知症にあらず

前回受けた結果より悪くなっている方

「臨時高齢者講習通知書」が送付される（通知を受けた日から1か月以内に受講する）

前回受けた結果と変わらない方

認知症と診断

免許証の継続

免許証の取消し・停止

自分の運転を自己チェック！

認知機能検査は、75歳の免許更新時から行われます。これを機に免許を更新するか、しないかについて考えてみましょう。

ご自身の運転を振り返って、

☐ 以前できたことが
できなくなった

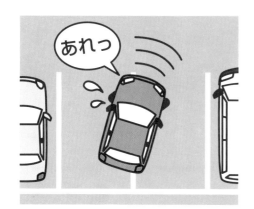

☐ 運転中、集中力が
続かなくなった

☐ 標識を見落とすこ
とが多くなった

☐ 急ブレーキや急ハ
ンドルをすること
が増えた

などはありませんか。

思い当たる方は、免許の返納などを検討してみましょう。

高齢運転者に多い交通事故の原因

1「ハンドル操作の誤り」による交通事故

　高齢運転者の交通事故による死亡事故の人的要因でいちばん多いのは「操作の誤り」です。そのうち、ハンドル操作の誤りが多くを占めています。

　事故の形態ごとの原因で最も多いのが単独事故で、例としてカーブを曲がり切れずに道路から逸脱して道路外の障害物に衝突するケースです。

　何らかの原因で対向車線にはみ出して反対方向の車と正面衝突する事故も発生しています。直結しやすい事例といえるでしょう。

　事故を起こした時間は、夜間から明け方に多く発生していることから、加齢による視力や体力の低下が影響しているものと思われます。

2「ブレーキとアクセルの踏み間違い」による交通事故

　ブレーキとアクセルの踏み間違いによる事故も「操作の誤り」で多い要因です。踏み間違いに気づけば、普通であればブレーキペダルに足を移せばよいのですが、車が暴走するとパニック状態になってしまい、ブレーキを踏んでいるつもりでアクセルを踏んでしまうのです。これは高齢運転者だけに限りませんが、統計では75歳以上の方のほうが75歳未満の方よりも圧倒的に多くなっています。

　ブレーキとアクセルの踏み間違いによる事故は、後退するときに多く発生します。とくに駐車場で後退して停止しようとするときは注意が必要です。ブレーキペダルやアクセルペダルを踏む位置を事前に目で見て確認するなど、基本的な操作を心がけるようにしてください。

3「前方不注意」「安全不確認」による交通事故

　車を運転するときは、まず目や耳などで情報を収集し、頭の中で判断します。そして、アクセルやブレーキを踏む、ハンドルを回すなどの操作をします。つまり、「認知・判断・操作」という手順を繰り返すわけです。この一連の動きにはある程度の時間が必要で、一般的に高齢者ほどその時間（反応時間）が必要になると考えられています。

　また、ぼんやり運転したり、何かに気をとられて操作が遅れたりする傾向は、高齢になるほど高くなります。反応が遅れると、たとえわずかな時間でも、相当長い距離を走行してしまいます。

（令和４年における交通事故の発生状況について、警察庁交通局の統計による）

運転免許証の「自主返納制度」

　自動車などの運転をしないなど運転免許が不要になった方や、運転に不安を感じるようになった方が、持っている運転免許を自主的に全部または一部について返納することができます。

　運転免許証を公的な身分証明書(本人確認の手段)にしていた方も多いと思いますが、自主返納して「運転経歴証明書」の交付を受ければ、運転免許証に代わる公的な本人確認として利用できます。さらに、「運転経歴証明書」の発行を受ければ、さまざまな特典が受けられます。自治体によってその内容は異なりますが、「タクシーやバスの運賃割引」や「商品券の贈呈」を行っている都道府県もあります。

■ 自主返納の方法

申請場所 運転免許試験場または警察署

手数料 「運転経歴証明書」の交付を希望する場合：1,100円
※「運転経歴証明書」の交付を希望しない場合は無料

必要なもの(本人による申請の場合)

● 運転経歴証明書交付申請書
　(用紙は運転免許試験場または警察署にある)
● 運転免許証
● 申請用写真1枚(縦3cm×横2.4cm、無帽・正面・上三分身・無背景、申請前6か月以内に撮影したもの、カラー・モノクロは問わない)
※「運転経歴証明書」の交付を希望する方のみ。
※運転免許試験場で手続きする場合は不要の場合もあります。
● 印鑑(必要ない都道府県もある)
※詳細はお住まいの警察のホームページなどで確認してください。

サポートカー限定免許制度

運転に不安を感じる方に対して、運転免許証の自主返納だけでなく、より安全なサポートカーに限定して運転を継続できるという新たな選択肢を設ける趣旨の制度が「サポートカー限定免許制度」です。

サポートカーは、先進技術を利用して運転者の安全運転を支援するシステムが搭載された自動車です。後付けの装置については対象となりません。

サポートカー限定条件の申請は、運転免許の更新手続と合わせて行うこともできます。年齢制限はありません。家族の運転に不安を感じている人は、この制度の利用を検討してみてください。

■申請の方法

※普通免許のみを保有している方で、サポートカー限定条件のみを行う場合

申請場所	運転免許試験場または警察署

手数料	無料。ただし、運転免許証を再交付する場合は、再交付手数料がかかる（この場合の手続き場所は運転免許試験場のみ）

必要なもの（本人による申請の場合）

● 運転免許証
※詳細は、お住いの警察や各都道府県の運転免許試験場などのホームページで確認してください。

■サポートカー限定免許を受けるときの注意点

● サポートカー限定条件が付けられる免許証は、普通免許に限られます。大型二種、中型二種、普通二種、大型、中型（8トン限定を含む）、準中型（5トン限定を含む）の免許証を持っている人は、上位免許を全部取り消す必要があります。

● サポートカー限定条件が付くと、運転できる自動車はサポートカー（普通自動車）だけとなります。

PROFILE

長 信一
ちょう しん いち

1962年東京都生まれ。1983年、都内にある自動車教習所
に入社。1986年、運転免許証にある全種類を完全取得。
指導員として多数の試験合格者を出すかたわら、所長代理
を歴任。現在「自動車運転免許研究所」の所長として、運転
免許関連の書籍を多数執筆。『最新版 運転免許認知機能検
査 完全ガイド』『最新版 大型二種免許完全攻略』『最新版 第
二種免許絶対合格！ 学科試験問題集』『1回で受かる！ 普
通免許ルール総まとめ＆問題集』(いずれも日本文芸社)な
ど、手がけた書籍は200冊を超える。

STAFF

装丁デザイン	上筋英彌(アップライン株式会社)
本文イラスト	風間康志
編集協力・DTP	knowm

うんてんめんきょにんちきのうけんさ ごうかくもぎ
運転免許認知機能検査 合格模擬テスト

2024 年 1 月 1 日　第 1 刷発行
2024 年 6 月 1 日　第 5 刷発行

監 修 者	長 信一	
発 行 者	竹村 響	
印 刷 所	株式会社 光邦	
製 本 所	株式会社 光邦	
発 行 所	株式会社 日本文芸社	

〒100-0003 東京都千代田区一ツ橋1-1-1
パレスサイドビル8Ｆ

乱丁・落丁などの不良品、内容に関するお問い合わせは、
小社ウェブサイトお問い合わせフォームまでお願いいたします。
URL　https://www.nihonbungeisha.co.jp/

© NIHONBUNGEISHA 2024
Printed in Japan　112231220-112240524 Ⓝ05　(340008)
ISBN978-4-537-22170-1
編集担当　三浦